Syed Muhammad Imran
Hee Taik Kim

Nanocompósitos Ag-nanopartículas/PANI para aplicações electrónicas

Syed Muhammad Imran
Hee Taik Kim

Nanocompósitos Ag-nanopartículas/PANI para aplicações electrónicas

Síntese, fabrico e caraterização

ScienciaScripts

Imprint

Cover image: www.ingimage.com

This book is a translation from the original published under ISBN 978-613-4-90910-5.

Publisher:
Sciencia Scripts
is a trademark of
Dodo Books Indian Ocean Ltd. and OmniScriptum S.R.L publishing group

120 High Road, East Finchley, London, N2 9ED, United Kingdom
Str. Armeneasca 28/1, office 1, Chisinau MD-2012, Republic of Moldova, Europe
Printed at: see last page
ISBN: 978-620-8-09727-1

Índice

1. Introdução

Os nanocompósitos metal-polímero têm atraído muita atenção nos últimos anos, uma vez que constituem uma excelente plataforma para otimizar tanto os materiais convidados como os materiais hospedeiros para diferentes aplicações, incluindo dispositivos electrónicos, epóxis condutores, tintas condutoras, sensores químicos e revestimentos antiestáticos [5]. Entre os polímeros condutores, a polianilina surgiu como um dos mais excepcionais devido às suas excelentes propriedades eléctricas [6]. A polianilina pode ser encontrada num dos seguintes três estados oxidados comuns: i) base leucoemeraldina, ii) base esmeraldina, ou iii) base pernigranilina [7]. A polianilina de base esmeraldina (PANIEB) pode ser considerada a forma mais útil de polianilina devido à sua elevada estabilidade com o ambiente e à melhoria da condutividade resultante da dopagem com um ácido adequado ou com nanopartículas [8]. No entanto, a PANIEB é pouco processável. Do mesmo modo, as nanopartículas de Ag são amplamente utilizadas em nanocompósitos devido às suas excelentes propriedades eléctricas e condutividades de oxidação superiores, em comparação com as nanopartículas de cobre e de outros metais [2].

Muitas aplicações requerem um grau muito baixo de aglomeração de nanopartículas, particularmente para compósitos à base de nanopartículas bimodais. A dispersão uniforme das partículas bimodais aumenta a densidade de empacotamento através da remoção de vazios e poros do polímero e é benéfica para muitos dispositivos electrónicos novos e outras aplicações, tais como tintas condutoras, adesivos condutores e escudos de ondas electromagnéticas [9]. Foram descritas diferentes técnicas físicas e químicas para evitar a aglomeração de nanopartículas em compósitos. Nos métodos físicos, uma poderosa força destrutiva, como os ultra-sons, é aplicada à solução de nanopartículas, levando à destruição das forças de atração entre as nanopartículas e, consequentemente, à desaglomeração das mesmas [3]. A utilização de apenas um método ultrassónico para a dispersão de nanopartículas numa solução não é geralmente suficiente, uma vez que algumas nanopartículas tendem a formar aglomerados muito fortes, que requerem a aplicação de forças extremamente elevadas para superar as forças de atração entre as nanopartículas [10]. Nos métodos químicos, as nanopartículas na solução são geralmente rodeadas por macromoléculas ou tensioactivos, o que leva à formação de uma força repulsiva entre as nanopartículas que, por vezes, degrada as propriedades eléctricas do compósito [11]. Neste estudo, são utilizados métodos químicos e físicos para a dispersão uniforme das nanopartículas na matriz de PANIEB. A dispersão física das nanopartículas foi realizada utilizando um banho de ultra-sons, enquanto os colóides de álcool isopropílico (IPA) foram utilizados para aumentar a capacidade de dispersão das nanopartículas de prata e a sua processabilidade. Com base nos resultados relatados, o IPA não degrada as propriedades eléctricas da matriz PANIEB [12].

Para a caraterização eléctrica, foram depositadas películas finas de nanocompósito Ag-PANIEB com colóides IPA sobre uma película fina de prata, utilizando uma técnica de revestimento por rotação. A técnica de spincoating está bem estabelecida e é considerada um método de deposição bem sucedido para a formação de películas finas de nanocompósitos uniformes [13, 14]. Dridi *et al.* investigaram as propriedades de transporte de carga de nanopartículas de TiO2 dispersas em películas finas de poli (N-vinilcarbazole) depositadas pelo método de revestimento por rotação para aplicação em células solares [15]. Neste livro, são apresentados e discutidos resultados abrangentes das propriedades morfológicas, ópticas, térmicas e eléctricas de Ag-PANIEB com colóides IPA em concentrações de nanopartículas de Ag de 10%, 15% e 20% em peso.

2. Revisão da literatura

2.1 Nanocompósitos de polímeros

Os nanocompósitos poliméricos são normalmente definidos como a combinação de uma matriz polimérica e os aditivos que têm pelo menos uma dimensão na gama dos nanómetros. Os aditivos podem ser unidimensionais (exemplos incluem nanotubos e fibras), bidimensionais (incluem minerais em camadas como a argila) ou tridimensionais (incluindo partículas esféricas). Durante a última década, os nanocompósitos poliméricos atraíram um interesse considerável tanto no meio académico como na indústria, devido às suas excelentes propriedades mecânicas, ópticas, de resistência ao desgaste magnético e magnéticas [16]. Para além dos compósitos poliméricos tradicionais (reforçados com fibras: fibra de carbono, fibra de vidro, nylon, etc.), os nanocompósitos prometem tornar-se os materiais industriais avançados mais versáteis.

Desde 1977, quando se descobriu que o polímero conjugado poliacetileno conduzia eletricidade através da dopagem com halogéneos, tem sido realizada uma enorme quantidade de investigação no domínio dos polímeros condutores. O Prémio Nobel da Química de 2000 reconheceu a descoberta dos polímeros condutores e os mais de 25 anos de progresso neste domínio. Nos últimos anos, tem havido um interesse crescente na investigação de nanoestruturas de polímeros condutores (ou seja, nano-hastes, tubos, fios e fibras), uma vez que combinam as vantagens dos condutores orgânicos com sistemas de baixa dimensão e, por conseguinte, criam propriedades físico-químicas interessantes e aplicações potencialmente úteis. Tradicionalmente, uma vantagem dos materiais poliméricos é o facto de poderem ser sintetizados e processados em grande escala a um custo relativamente baixo. E muitas das aplicações (sensores, revestimentos funcionais, catalisadores, etc.) dos polímeros condutores necessitam, de facto, de materiais em grande quantidade. Por conseguinte, o desenvolvimento de sínteses a granel para polímeros condutores seria especialmente importante por razões práticas. Tal permitiria uma avaliação imediata do que as nanoestruturas podem trazer às propriedades e aplicações dos polímeros condutores. [17]

Os polímeros condutores (PC) têm sido extensivamente estudados durante os últimos 20 anos, tendo em vista a sua potencial aplicação, por exemplo, como condensadores, sensores e ânodos para células de combustível, ou para proteção contra a corrosão, a fotodegradação de eléctrodos semicondutores em células galvânicas e para outras aplicações. [18]

A utilização de nanopartículas metálicas pode melhorar eficazmente as propriedades eléctricas, ópticas e eléctricas dos compósitos poliméricos. Estas propriedades são muito sensíveis a pequenas alterações no teor de metal e no tamanho e forma das nanopartículas. Foi referido que as próprias nanopartículas podiam atuar como junções condutoras entre as cadeias de PANI, o que resultava num aumento da condutância eléctrica dos compósitos. A condutividade eléctrica destes compósitos pode também depender da estrutura molecular da matriz polimérica condutora (ou seja, da cristalinidade). Uma vez que a prata apresenta as condutividades eléctrica e térmica mais elevadas de todos os metais, a combinação de PANI com prata pode produzir materiais funcionais com propriedades eléctricas melhoradas. [19]. A utilização de nanocompósitos metal-polímero permite uma boa melhoria da condutividade eléctrica. Estas fibras nanocompósitas condutoras podem ser utilizadas em camadas protectoras contra a corrosão de objectos metálicos, para proteção contra descargas electrostáticas, blindagem contra interferências electromagnéticas e como adesivos para tecnologia de interligação, em alternativa às interligações por solda para dispositivos electrónicos, epóxis condutores, tintas condutoras, sensores químicos e revestimentos antiestáticos [5].

2.2 Polianilina

A polianilina (PANI) é única entre os polímeros condutores, na medida em que as suas propriedades eléctricas podem ser controladas de forma reversível tanto por dopagem por transferência de carga como por protonação, o que a torna um material potencial para aplicações como sensores químicos e biológicos, actuadores, dispositivos microelectrónicos, etc. No entanto, a insolubilidade em solventes comuns, a baixa capacidade de processamento e as fracas propriedades mecânicas da PANI têm impedido as suas potenciais aplicações. A fim de satisfazer a procura industrial, foram desenvolvidas várias estratégias para ultrapassar estes problemas. Por exemplo, a preparação de compósitos convencionais de polímeros termoplásticos e electrocondutores é uma abordagem bem sucedida para obter propriedades e aplicações únicas dos materiais resultantes. Nos últimos anos, o desenvolvimento de compósitos de PANI/nanopartículas metálicas com propriedades químicas e físicas sinérgicas tem recebido grande atenção a nível mundial, tanto do ponto de vista académico como industrial. [19]

A polianilina pode ser encontrada num dos seguintes três estados oxidados comuns:

i) Base de leucoemeraldina,

ii) Base esmeraldina,

iii) Base de perigranilina.

A polianilina de base esmeraldina (PANIEB) pode ser considerada como a forma mais útil de polianilina devido à sua elevada estabilidade com o ambiente e à melhoria da condutividade resultante da dopagem com um ácido adequado ou com nanopartículas [7,8].

Do mesmo modo, as nanopartículas de Ag são amplamente utilizadas em nanocompósitos devido às suas excelentes propriedades eléctricas e condutividades de oxidação superiores, em comparação com as nanopartículas de cobre e de outros metais [2].

Entre a família dos polímeros conjugados, a polianilina é um dos mais úteis, uma vez que é estável ao ar e à humidade, tanto na sua forma dopada e condutora como na sua forma desdopada e isolante. A polianilina é também única entre os polímeros condutores pelo facto de ter uma química de dopagem/desdopagem ácido/base muito simples (Fig. 1). Tem uma grande variedade de aplicações potenciais, incluindo revestimentos anticorrosão, baterias, sensores, membranas de separação e revestimentos anti-estáticos. [17] [20] Sabe-se que a síntese convencional de polianilina (Figs. 1a, 1b) produz produtos particulados com formas irregulares.

Por conseguinte, foram desenvolvidos muitos métodos para produzir nanoestruturas de polianilina (com diâmetros inferiores a 100 nm) através da introdução de "agentes direccionadores estruturais" durante a reação de polimerização química. A literatura refere uma grande variedade desses agentes, que incluem tensioactivos [21-24], cristais líquidos [25], polielectrólitos [26], sementes de nanofios [27], oligómeros de anilina e dopantes orgânicos volumosos e relativamente complexos. Pensa-se que essas moléculas funcionais podem atuar diretamente como modelos (por exemplo, polielectrólitos) ou promover a auto-montagem de "modelos moles" ordenados (por exemplo, micelas, emulsões) que orientam a formação de nanoestruturas de polianilina.

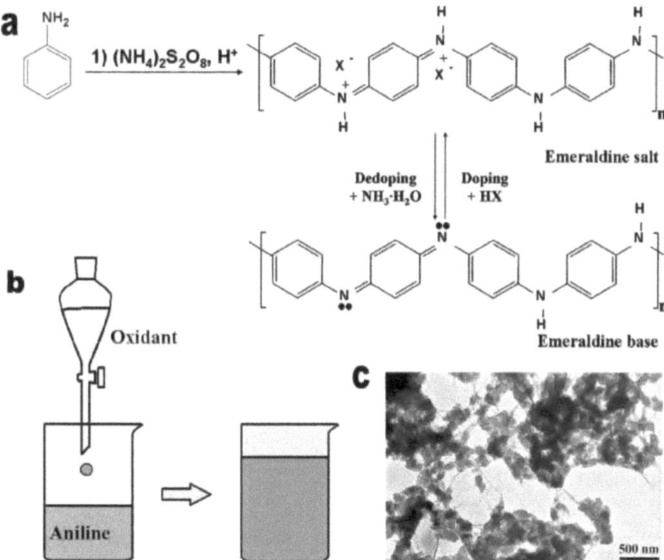

Fig. 1 A síntese convencional da polianilina e a sua morfologia.

(a, b) A reação de polimerização oxidativa da anilina é normalmente realizada numa solução ácida (por exemplo, HCl 1 M). A polianilina preparada encontra-se na sua forma esmeraldina dopada, que pode ser dopada por uma base para a sua forma esmeraldina-base. (c)

A morfologia típica da polianilina preparada é a de partículas de forma irregular com algumas nanofibras. [17]

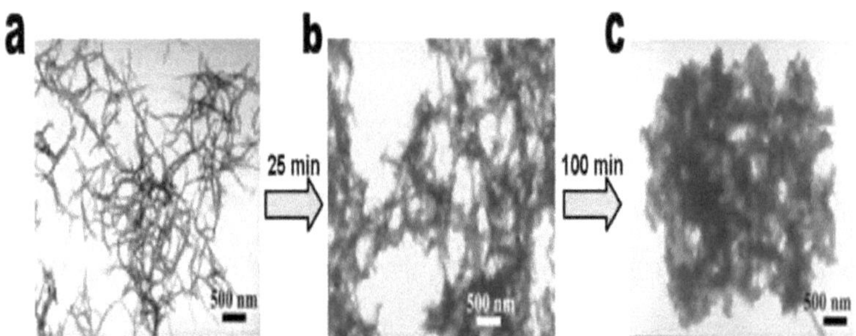

Fig. 2 Evolução morfológica da polianilina durante a sua polimerização química em HCl 1 M.

As imagens de microscopia eletrónica de transmissão (TEM) mostram claramente que (a) as nanofibras são produzidas nas fases iniciais da polimerização e depois (b,c) transformam-se em grandes aglomerados de forma irregular devido ao crescimento secundário. [28]. [17]

2.3 Aplicações da polianilina

A polianilina condutora (PANI) encontra aplicações em áreas como baterias, dispositivos de visualização electrocrómica, eletrónica molecular, ótica não linear, sensores, revestimentos antiestáticos, etc. Todas estas aplicações dependem essencialmente da evolução estrutural durante o processo de polimerização. Este facto sugere a necessidade de uma compreensão clara da ordem local na cadeia polimérica. A anilina é facilmente polimerizada e dopada para produzir diferentes estados de PANI. Foi recentemente demonstrado que o grau de ordem tem uma forte influência no estado eletrónico do polímero dopado. Além disso, estas alterações podem influenciar os processos electroquímicos e de difusão, que desempenham um papel fundamental na utilidade desta classe de materiais. Por conseguinte, o principal objetivo da investigação consiste em conferir ordem cristalina ao polímero durante a sua formação. Para obter um polímero altamente cristalino, as caraterísticas estruturais da cadeia macromolecular têm de ser controladas de modo a que a conformação e o empacotamento do polímero conjugado conduzam a uma ordem cristalina. Embora tenham sido comunicadas várias estratégias para obter PANI semi-cristalina, as tentativas de dirigir o processo de polimerização em meios controlados, como a microemulsão, são outra abordagem através da qual o crescimento das cadeias poliméricas pode ser regulado para obter uma ordem cristalina mais elevada. [29]

2.4 Nanopartículas de prata

As nanopartículas metálicas são pequenos aglomerados de metal, com menos de 100 nm de dimensão. Embora as nanopartículas metálicas tenham sido utilizadas em vários domínios científicos e outros desde há algum tempo, as suas propriedades físicas e electrónicas ainda não são totalmente conhecidas. As potenciais aplicações das nanopartículas metálicas incluem a utilização em nanoelectrónica, eletrónica com componentes à escala nanométrica. A compreensão pormenorizada das propriedades eléctricas destas nanopartículas é crucial para o desenvolvimento da nanoelectrónica. [30]

As nanopartículas metálicas, como a prata e o ouro, têm atraído muita atenção nos últimos anos devido às suas propriedades interessantes e potenciais aplicações em domínios tecnológicos. As partículas de prata têm aplicações em catálise, tintas condutoras, pastas de película espessa e adesivos para vários componentes electrónicos, em fotónica e em fotografia. [31]

As nanopartículas de prata têm sido amplamente utilizadas na indústria antibacteriana e eletrónica para o fabrico de circuitos condutores de película espessa e para os eléctrodos internos de condensadores cerâmicos multicamadas. Em especial, as nanopartículas de prata com distribuição de tamanho bimodal têm atualmente uma utilização considerável na indústria química e na pasta térmica. Além disso, as nanopartículas de prata dispersíveis têm aplicação em muitos sectores da eletrónica. O tamanho e a forma das nanopartículas de Ag são importantes porque a condutividade térmica depende fortemente da densidade das nanopartículas embaladas na superestrutura que resulta da secagem do veículo de tinta de um traço impresso. [15]

As nanopartículas de prata são uma classe de materiais com propriedades interessantes, como a absorção na região UV-vis devido à ressonância plasmónica de superfície (SPR), a catálise e a biossensorização. As nanopartículas esféricas com um revestimento metálico fino diferente (ou seja, core-shell) são especialmente interessantes devido às suas propriedades ópticas invulgares. Devido ao acoplamento dos plasmões de superfície correspondentes às duas interfaces, o desvio das ressonâncias *Mie* pode ser adaptado a qualquer comprimento de onda desejado na região do visível, escolhendo o tamanho do núcleo, a espessura da camada e o material de revestimento. Essas nanopartículas compósitas são substratos importantes para moléculas orgânicas em estudos de dispersão Raman com reforço de superfície

(SERS). A prata é um potencial agente antibacteriano, pelo que é utilizada como esterilizante e para a remoção de bactérias da água potável. [32]

2.5 Condutividade eléctrica das nanopartículas de prata

As nanopartículas de prata têm suscitado grande interesse na investigação devido às suas propriedades ópticas, electrónicas e químicas invulgares, que dependem do seu tamanho, forma, composição, cristalinidade e estrutura. Devido a estas propriedades únicas, têm sido amplamente exploradas para utilização como materiais microelectrónicos, materiais antibacterianos, materiais catalíticos e materiais sensores. Por exemplo, o ponto de fusão das nanopartículas de prata pode ser drasticamente reduzido porque a energia da superfície das nanopartículas aumenta tremendamente devido ao tamanho extremamente pequeno das partículas. As nanopartículas de prata podem ser combinadas com polímeros condutores para melhorar a condutividade. Neste sentido, as nanopartículas de prata utilizadas como cargas condutoras em polímeros condutores electrónicos são benéficas para a aplicação em dispositivos electrónicos.

As nanopartículas de prata utilizadas na aplicação de dispositivos electrónicos são geralmente preparadas por métodos de redução química. Utilizando estes métodos, foram fabricadas nanopartículas de prata com formas esféricas, cúbicas, em fio e triangulares. No entanto, a dispersão das nanopartículas de prata tem sido um obstáculo à sua utilização em polímeros condutores devido à sua agregação. É impossível utilizar eficazmente as nanopartículas de prata para melhorar a condutividade dos polímeros condutores. [69]

A condutividade eléctrica de um metal a granel é descrita pelo conhecido modelo de Drude. No entanto, à medida que o tamanho do metal é reduzido para a escala nanométrica, os níveis de energia tornam-se discretos, em vez de contínuos. O espaçamento médio entre os níveis de energia adjacentes numa nanopartícula metálica é designado por lacuna de Kubo e está relacionado com a energia de Fermi do metal e com o tamanho da nanopartícula. Por exemplo, numa nanopartícula de prata de 3 nm de diâmetro contendo $\sim 10^3$ átomos, o intervalo de Kubo é de cerca de 5-10 meV. Por conseguinte, à temperatura ambiente, quando a energia térmica é superior a este intervalo, a condutividade eléctrica será a mesma que no metal a granel. No entanto, à medida que a temperatura é reduzida, o intervalo de Kubo torna-se significativo e a nanopartícula torna-se um isolador. Embora as propriedades DC desta transição metal-isolador sejam bem compreendidas, as observações experimentais e a descrição teórica da condutividade AC são muito menos abrangentes. A condutividade AC das nanopartículas de prata será medida numa gama de frequências interessante que corresponde ao intervalo de Kubo das nanopartículas. A condutividade será medida utilizando espetroscopia terahertz no domínio do tempo com base num laser bloqueado por modo.

As nanopartículas metálicas são pequenos aglomerados de metal, com menos de 100 nm de dimensão. Embora as nanopartículas metálicas tenham sido utilizadas em vários domínios científicos e outros desde há algum tempo, as suas propriedades físicas e electrónicas ainda não são totalmente conhecidas. As potenciais aplicações das nanopartículas metálicas incluem a utilização em nanoelectrónica, eletrónica com componentes à escala nanométrica. A compreensão pormenorizada das propriedades eléctricas destas nanopartículas é crucial para o desenvolvimento da nanoelectrónica.

Se o tamanho de um aglomerado metálico for inferior ao comprimento de onda de Broglie de um eletrão, os electrões de condução ficarão confinados a determinados níveis de energia permitidos. O espaçamento médio entre os níveis de energia permitidos é designado por intervalo de Kubo. O efeito do intervalo de Kubo não será visível à temperatura ambiente, porque a energia térmica é superior a este intervalo de energia. Neste caso, as nanopartículas têm condutividade metálica. No entanto, se a energia térmica for inferior ao intervalo de Kubo, a condutividade das nanopartículas deverá ser a de um isolante.

O intervalo de Kubo para uma nanopartícula de prata com 3 nm de diâmetro é de cerca de 5-10 meV, o que corresponde a radiação electromagnética com frequências de cerca de 1-2 THz. A espetroscopia terahertz no domínio do tempo pode ser utilizada para estudar a condutividade da gama de frequências do intervalo de Kubo. Medindo a condutividade dependente da frequência à medida que a temperatura é variada, pode observar-se a transição da condutividade metálica para a condutividade isolante e o efeito do intervalo de Kubo. [30], [33-36]

Tabela 1. Condutividade térmica e capacidade térmica específica de diferentes substâncias.

Substância	**W/m K***	**KJ/kg K***
Ar **0.02-0.03**		**1.0-1.1**
Alumínio	**200-250**	**0.87-0.92**

* Nota: A variação de temperatura, as variações de pressão e a pureza da substância são responsáveis pelo intervalo das medições.

Cobre	**380-400**	**0.37-0.4**
Hidrogénio	**0.14-0.18**	**14.3-14.5**
Gelo	**1.75-2.25**	**2.0-2.2**
Chumbo	**34-36**	**0.12-0.14**
Mercúrio	**8-9**	**0.13-0.15**
Metanol	**0.2-0.3**	**2.5-2.6**
Oxigénio	**0.02-0.03**	**0.9-0.95**
Prata	**405-430**	**0.22-0.25**

2.6 Utilização de nanopartículas de prata como pastas condutoras

Existem muitas técnicas de fabrico bem estabelecidas para o fabrico de dispositivos microelectrónicos, como a fotolitografia, a impressão serigráfica, a nanoimpressão, a impressão por microcontacto e a litografia por imersão. Mais recentemente, a impressão a jato de tinta (IJP) está a ser rapidamente desenvolvida para a indústria dos ecrãs (OLED, espaçador, filtro de cor), a indústria dos semicondutores (PCB, resistor) e a tecnologia biomédica (matriz, sensor), porque tem as seguintes vantagens em relação à fotolitografia convencional de película fina

(1) Em tempo real;

(2) Alta resolução;

(3) Baixo custo;

(4) Produtividade rápida;

(5) Método sem contacto.

Devido a estes méritos, a IJP é considerada uma ferramenta promissora para a formação de padrões condutores. No entanto, apesar das vantagens anteriormente mencionadas, há ainda muitos problemas por resolver, muitos dos quais derivam das tintas de nanopartículas. As tintas de nanopartículas são formadas por colóides nanoparticulados que se encontram dispersos de forma estável num veículo líquido. Para além disso, as nanopartículas devem cumprir determinados critérios para poderem ser aplicadas às tintas IJP. Para poderem ser utilizadas como material em tintas, as nanopartículas devem ter um tamanho igual ou inferior a 50 nm, sendo necessária uma elevada estabilidade de dispersão [37, 38]. Além disso, a uniformidade do tamanho e da forma das nanopartículas é muito importante, uma vez que a condutividade depende fortemente da densidade das nanopartículas embaladas na superestrutura que resulta da secagem do veículo de tinta de um traço impresso. Foram desenvolvidos vários métodos para a preparação de nanopartículas de prata, tais como o método de decomposição térmica, o processo com poliol, a redução com álcool, o método de microemulsão, a redução radiolítica e a redução sonoquímica. [39]

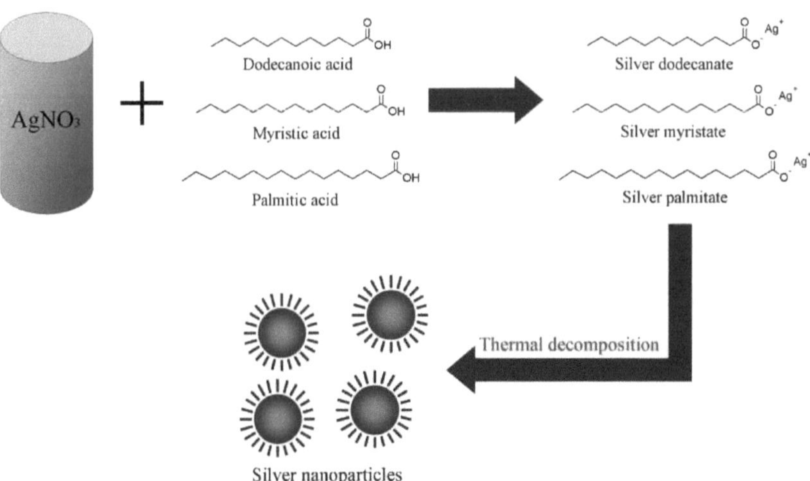

Fig. 3 Processo de síntese das nanopartículas de prata. [39]

2.7 Pesquisa bibliográfica para a formação de nanocompósitos metal-polímero

Há vários relatos da síntese de nanopartículas de prata em polímeros com a possibilidade de variação das propriedades ópticas em função da atividade ótica dos próprios polímeros. As nanopartículas de prata protegidas por polímeros como o poli(álcool vinílico) (PVA), a poli(vinilpirrolidona) (PVP), o poliestireno (PS) ou o polimetilmetacrilato (PMMA) e a polianilina (PANI) têm sido objeto de numerosos estudos. [40]

M. Karttunen *et al.* [41] prepararam nanocompósitos de Ag-estireno-etileno-propileno-estireno (SEPS) e Ag-polipropileno pelo método ex-situ, tendo preparado três tipos diferentes de nanopartículas de prata: partículas fortemente aglomeradas, partículas de prata não aglomeradas com um tamanho médio de 100 nm e partículas não aglomeradas com um tamanho médio inferior a 100 nm e as nanopartículas de prata foram misturadas com um copolímero de estireno-etileno-propileno-estireno (SEPS) e com polipropileno isotáctico (PP), utilizados como materiais de matriz.

Kang *et al.* [42] prepararam nanocompósitos através da polimerização oxidativa de coloides de Ag estabilizados com anilina por irradiação γ. Zhou *et al.* [43] aplicaram o método da corrente de onda quadrada assimétrica, que se caracterizou pela combinação de um processo anódico de polimerização do monómero de anilina e um processo catódico de eletrodeposição iónica de metal para produzir a película de nanocompósitos de prata PANI. Karim *et al.* [44] sintetizaram nanocompósitos de prata com núcleo de casca através do método de polimerização química induzida por radiação gama *in situ*. Khanna *et al.* [42] relataram a síntese de nanocompósitos

Ag/PANI através de um mecanismo foto-redox *in situ* pelo qual a radiação de lâmpadas UV foi utilizada para reduzir o sal de prata na anilina. Du *et al.* [45] utilizaram o método de síntese one-pot para as nanopartículas de Ag/polianilina; enquanto Pillalamarri *et al.* [46] também utilizaram o método de síntese one-pot, no qual os materiais compósitos constituídos por nanofibras de polianilina decoradas com nanopartículas de metais nobres (Ag ou Au) foram sintetizados por radiólise γ. [7]

A síntese de compósitos de PANI/prata foi realizada quer química quer electroquimicamente. Os métodos químicos incluem a polimerização do monómero de anilina com redução simultânea de iões metálicos e a polimerização foto-induzida, que se baseiam na elevada afinidade dos iões metálicos pela PANI. Os outros métodos consistem em preparar os compósitos PANI/Ag na presença de nanopartículas de Ag. Recentemente, os sensores de gás baseados em nanocompósitos de PANI combinados com diferentes catalisadores de metais nobres têm sido objeto de grande interesse. A razão para incorporar partículas metálicas na matriz polimérica condutora é aumentar a área específica destes materiais e, assim, melhorar a eficiência catalítica. Foi revelado que o sensor de gás de nanocompósito de PANI/cobre sintetizado quimicamente apresentava valores de resposta mais elevados e taxas de resposta e recuperação mais rápidas ao vapor de clorofórmio do que as de um sensor de PANI pura fabricado em condições idênticas. Torsi *et al.* [47] referiram que os polímeros condutores dopados com inclusões metálicas apresentavam um melhor desempenho do que os polímeros puros e que um possível processo catalítico poderia ocorrer nestes sensores. Athawale *et al.* [48] exploraram a possibilidade de utilizar nanocompósitos de Pd/PANI como material de deteção de diferentes álcoois alifáticos. Verificaram que o tempo de resposta e a estabilidade a longo prazo do sensor de nanocompósito ao vapor de metanol eram superiores aos de um sensor de PANI pura. Do e Chang [49] analisaram as caraterísticas electroquímicas e as propriedades de deteção de sensores amperométricos de gás NO2 baseados em PANI/Au/Nafion. Por conseguinte, espera-se obter novos materiais à base de PANI/Ag com excelentes comportamentos de deteção de gases. [19]

Kotthaus *et al.* [50] estudaram as propriedades de compostos constituídos por agregados de nanopartículas de Ag epoxídicas. O tamanho das partículas de Ag era de 100 nm e o tamanho dos agregados de partículas de Ag era de 30 μm. Verificaram que as propriedades termomecânicas dos compostos contendo nanopartículas de Ag eram melhores do que nos compostos com a mistura de epóxi Ag-flake. No entanto, a resistividade nominal nos compostos com agregados era mais elevada do que nos compostos com partículas de Ag em forma de flocos. Os compostos de PVAc e epóxi preenchidos com Ag foram obtidos através da mistura dos componentes no estado líquido.

Lee *et al.* [51] investigaram a mistura de micro e nanopartículas de prata com acetato de polivinilo (PVAc). Relatam que o limiar de percolação no composto que contém nanopartículas (30 nm a 100 nm) é mais elevado do que no composto que contém partículas de dimensão micrónica (0,5 μm a 5 μm).

2.8 Estudo das caraterísticas corrente-tensão (I-V) de nanocompósitos de prata-polímero

Foram efectuados vários estudos sobre o comportamento corrente-tensão de nanopartículas de prata e nanocompósitos de polímeros condutores. GM Neelgund *et al.* [1] calcularam a condutividade eléctrica de derivados de polianilina e de compósitos de nanopartículas de prata a partir das caraterísticas corrente-tensão. A condutividade eléctrica dos nanocompósitos foi calculada a partir das caraterísticas corrente-tensão registadas utilizando o esquema de dois eléctrodos no plano do substrato. [42]. Foram observadas curvas I-V ligeiramente não lineares com um comportamento de histerese em ciclos de tensão de carga-descarga para sistemas de polímeros puros, o que pode ser uma assinatura de condutividade limitada por carga espacial ou a criação de um contacto do tipo Schottky na interface polimerielectrodo. Foi registado um comportamento óhmico linear para nanocompósitos de prata-polímero

A.Heilmann *et al.* [52] relataram as propriedades ópticas e eléctricas de nanopartículas de prata incorporadas a baixas temperaturas. Descreveram medições simultâneas da extinção ótica e da condutividade D.C de películas de polímero com nanopartículas incorporadas a baixa temperatura até T = 1,2 K. Para a amostra descrita, foi observada uma deslocação azul significativa na absorção de ressonância de plasma. Ao mesmo tempo, a condutividade D.C diminuiu cerca de uma a duas ordens de grandeza. Tanto o desvio para o azul como a diminuição da condutividade D.C podem ser descritos pela decoagulação dos agregados de partículas de prata.

D. Basak *et al.* [53] estudaram a condutividade eléctrica de películas sólidas finas de poli (metacrilato de metilo) PMMA com nanopartículas de prata dispersas, sintetizadas por um novo método, em condições de escuridão, alterando a tensão e a temperatura aplicadas, e também sob fotoexcitação (por uma lâmpada de mercúrio, 125 W) à temperatura ambiente. Os autores relataram que a corrente durante as condições de polarização direta e inversa era a mesma nas películas sólidas finas de PMMA sem nanopartículas de prata dispersas. No caso de uma película sólida fina de PMMA com nanopartículas de prata dispersas, a corrente durante a polarização direta foi mais elevada do que durante a polarização inversa, o que indica a formação de heterojunções metal-semicondutor-metal neste caso. No caso da película fina de PMMA sem nanopartículas de prata dispersas, os declives dos gráficos IV observados são de 1,68 e 0,47 nas regiões de tensão mais baixa e mais alta, respetivamente, e a condução foi não óhmica em toda a gama de tensões em estudo, enquanto que, para a película de PMMA com nanopartículas de prata dispersas, os declives correspondentes dos gráficos IV são de 0,80 e 1,38, respetivamente, com condução quase óhmica nas tensões mais baixas.

Pattabi *et al.* [54] estudaram as propriedades eléctricas de filmes de prata-ilha depositados em substratos revestidos de PMMA e relataram modificações significativas na resistência devido a grandes descontinuidades em alguns filmes de prata (elétrodo). De facto, as partículas de prata interagem com a matriz de PMMA e algumas partículas difundem-se na rede de polímeros. Como resultado, é causada uma descontinuidade no elétrodo de prata. Durante a medição das propriedades eléctricas, o campo elétrico é aplicado à célula da amostra. Sabe-se que o campo elétrico manipula e reúne partículas/nanopartículas num chip eletrónico com microelectrodos.

Gautam *et al.* [55] estudaram as caraterísticas mecânicas e *I-V* de películas de nanocompósitos de Ag-polivinil álcool (PVA) com diferentes concentrações de nanopartículas de Ag. Os autores referiram que as caraterísticas I-V das películas de PVA virgens não obedecem à lei de Ohm, ao passo que as películas de nanocompósitos Ag-PVA obedecem à lei de Ohm e a corrente absorvida aumenta com o aumento do teor de Ag.

3. Experimental

Todos os produtos químicos foram adquiridos à Aldrich e eram de grau analítico; por conseguinte, os produtos químicos foram utilizados sem qualquer purificação adicional. Os nanocompósitos foram fabricados pelo método de preparação *ex-situ*, no qual as nanopartículas bimodais de Ag foram preparadas pelo método de precipitação num reator de semi-batelada [4].

3.1 Síntese de AgNPs

Num copo, foram recolhidas soluções de AgNO3 0,2 M, foram adicionadas soluções de NaOH 0,2 M e de ácido mirístico 0,2 M por uma bomba de microalimentação (MP-3, EYELA). O caudal foi controlado por uma bomba de microalimentação. O sistema de semi-batelada que utiliza esta bomba de microalimentação é mais fácil do que um sistema de batelada para controlar o tamanho, a forma e a distribuição do tamanho devido à sua curta nucleação e a uma taxa de reação lenta. Em seguida, obteve-se um precipitado de Ag-ligante intermédio de cor branca denominado "miristato de Ag". O miristato de Ag foi lavado com água desionizada e filtrado com papel quantitativo. Em seguida, foi seco num forno de vácuo a 50°C durante 24 horas. Finalmente, o miristato de Ag foi reduzido por TEA (trietilamina) a 80°C durante 2 horas. As nanopartículas de Ag reduzidas foram arrefecidas e centrifugadas a 12.000 rpm durante 5 min. [4] A Fig. 4 mostra este procedimento experimental.

3.2 Síntese do nanocompósito Ag-polianilina

Após a síntese, as nanopartículas de diferentes percentagens de peso (10%, 15% e 20% em relação ao PANIEB) foram uniformemente dispersas em PANIEB que foi dopado com um polímero de éster de ácido metacrílico e álcool isopropílico. Todas as três amostras foram sonicadas (Power-Sonic 410) durante ~10 minutos. No dispositivo, foram então formadas com sucesso películas finas de nanocompósitos utilizando um método de revestimento por rotação (Sistema MIDAS: 1200-d) na superfície de uma película fina de alumínio de 200 nm num substrato de vidro. A microscopia eletrónica de varrimento em corte transversal (SEM) foi utilizada para medir diretamente a espessura das películas das amostras. As espessuras das amostras foram de aproximadamente 5,1 μm, 5,7 μm e 6,1 μm para concentrações de nanopartículas de Ag na matriz PANIEB de 10%, 15% e 20%, respetivamente. Uma vista em corte transversal dos dispositivos acabados é mostrada na Fig. 5. Para a caraterização eléctrica, foram fabricados eléctrodos de tinta de prata (diâmetro ~1 mm) tanto em alumínio como em película fina de PANIEB, segundo o estilo Kelvin completo (dois eléctrodos em alumínio e dois eléctrodos em película fina de PANIEB), utilizando o processo convencional de impressão de máscaras metálicas. Os eléctrodos foram fabricados por geometria colinear, ou seja, em linha com um espaçamento aproximadamente igual (5 mm) com outros eléctrodos adjacentes, como se mostra na Fig. 5. A fim de remover o IPA e outros componentes vestigiais para a caraterização eléctrica, os dispositivos acabados foram recozidos a 100° C durante aproximadamente 120 minutos.

3.3 Caracterização

Os espectros de difração de raios X dos nanocompósitos foram obtidos num difratómetro Rigaku D/max 2500PC. Foram também tiradas micrografias electrónicas de transmissão (JEOL, JEM 3010). Os espectros de infravermelhos foram medidos num espetrómetro Varian 800 FTIR na região do número de onda de 400-4.000 cm^{-1} . Foi utilizado um espetrofotómetro Optizen 2120 UV para registar os espectros de absorção UV-vis. A TGA dos nanocompósitos foi efectuada com um instrumento Shimadzu TGA-50. Para a análise, a temperatura foi programada da seguinte forma: 50°C durante uma hora, seguido de um aumento até 800°C a 3°C/min na presença de gás nitrogénio. As caraterísticas *I-V* das películas finas foram medidas utilizando um analisador de parâmetros HP4145B com sonda de quatro pontos.

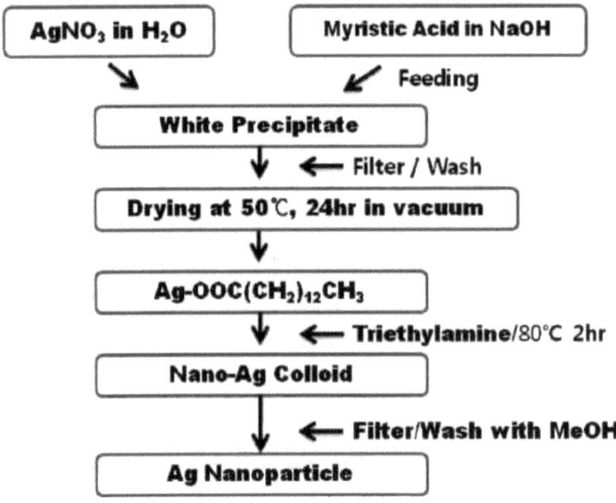

Fig. 4 Procedimento experimental da síntese de nanopartículas de Ag.

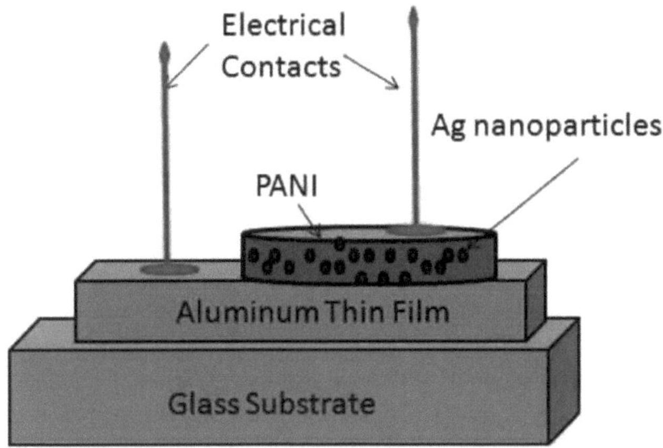

Fig. 5 Vista em corte transversal de uma película fina de Ag-PANIEB depositada com o método spin-coating sobre uma película fina de alumínio num substrato de vidro utilizado para caraterização eléctrica.

4. Resultados e discussões

As micrografias TEM foram analisadas para determinar a morfologia dos nanocompósitos Ag-PANIEB e são apresentadas na Fig. 6 para concentrações de nanopartículas de Ag de 10%, 15% e 20%. Pode ver-se nas imagens que as nanopartículas de Ag eram esféricas, apresentavam pouca aglomeração e exibiam bimodalidade com um número relativamente grande de partículas de tamanhos mais pequenos (modo principal). Da mesma forma, o menor número de nanopartículas de Ag nos tamanhos relativamente maiores (modo menor) também era esférico, uniformemente distribuído e não apresentava aglomeração aparente. A distribuição do tamanho das nanopartículas de Ag permaneceu constante em todas as micrografias. Por conseguinte, pode inferir-se que o tamanho das nanopartículas não se alterou significativamente com a alteração da concentração de nanopartículas de Ag na matriz de PANIEB. A Fig. 7 mostra um histograma dos modos maior e menor com uma ampla distribuição dos tamanhos das nanopartículas de Ag, o que validou de alguma forma a bimodalidade das nanopartículas de Ag na matriz de PANIEB. Os tamanhos médios das partículas nos modos maior e menor foram de aproximadamente 6 ± 1 nm e 9,5 ± 0,5 nm, respetivamente. A distribuição uniforme das nanopartículas pode ser devida ao facto de, na presença de IPA, se formar uma camada orgânica complexa sobre a nanopartícula de prata com uma energia de ligação superior à energia térmica à temperatura ambiente. Esta camada faz com que as nanopartículas modifiquem as suas propriedades de superfície para evitar a aglomeração na solução. No entanto, esta camada orgânica não degrada as propriedades eléctricas do nanocompósito porque, quando a solução de nanocompósito é centrifugada sobre o substrato, o IPA é rapidamente evaporado durante a operação de centrifugação do spin-coater. Além disso, as amostras foram recozidas até 100° C durante 120 minutos para remover os vestígios remanescentes de IPA e água do nanocompósito Ag-PANIEB, resultando em nanopartículas de Ag altamente uniformes no interior das películas finas de PANIEB para caraterização eléctrica [12, 14].

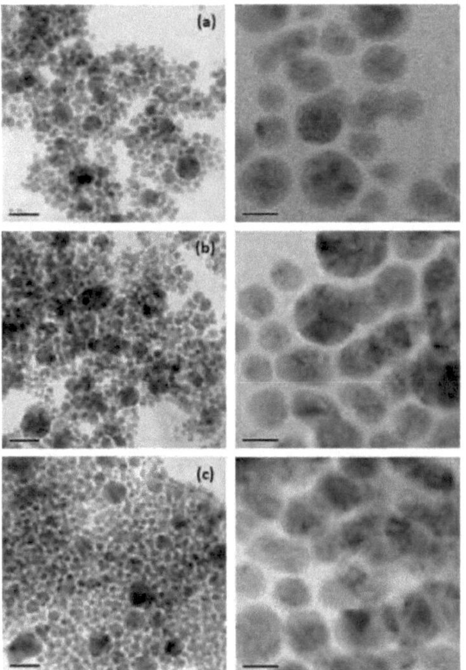

Fig. 5 Imagem HR-TEM para os nanocompósitos Ag-PANIEB com a concentração de Ag de (a) 10wt. %, (b) 15wt. %, (c) 20wt. % .

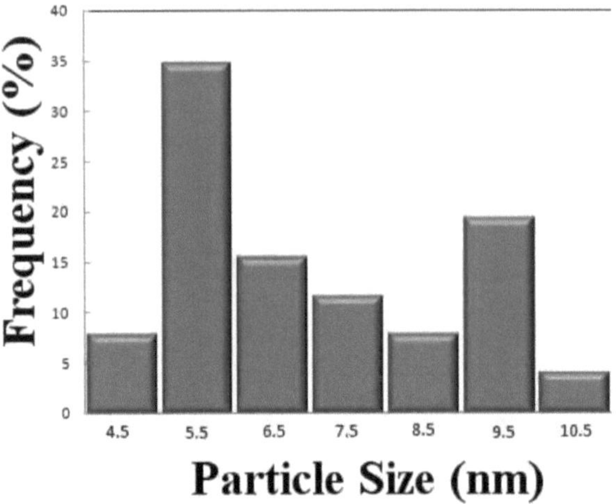

Fig. 6 Um histograma que mostra a distribuição dos modos principais e secundários das nanopartículas de Ag utilizando dados das imagens HRTEM que validam a bimodalidade das nanopartículas de Ag na matriz PANIEB.

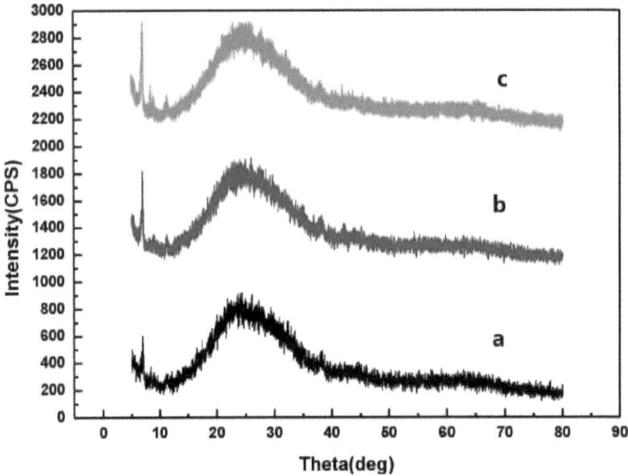

Fig. 7 Análise XRD para os nanocompósitos com concentrações de Ag de (a) 10wt. %, (b) 15wt. %, (c) 20wt. %

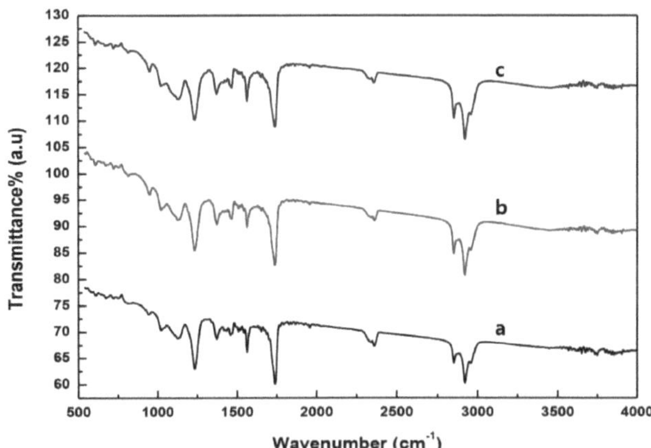

Fig. 8 Análise FT-IR para os nanocompósitos com concentrações de Ag de (a) Ag 10 wt. % (b) Ag 15 wt. % (c) Ag 20 wt. %

Os padrões de XRD dos nanocompósitos com concentrações de 10%, 15% e 20% de nanopartículas de Ag são apresentados na Fig.8. Todos os picos nos padrões de XRD estavam em total concordância com os picos relatados para os nanocompósitos Ag-PANIEB [1, 16]. O pico mais largo a 2θ de cerca de 28,4° estava relacionado com a difração do PANIEB amorfo, e o outro pico a 38,2° estava associado à difração das partículas de Ag na estrutura cristalina (111). Para além destes picos, vários picos fracos, os picos caraterísticos da natureza amorfa da polianilina, indicaram uma ordem de curto alcance no PANIEB, provavelmente induzida pela presença do dopante polimérico [1]. O comprimento desta ordem de curto alcance (L) ou domínio cristalino do PANIEB pode ser deduzido do pico caraterístico da resposta XRD com a ajuda da equação de Scherrer como

$$L = \frac{0.9\lambda}{\Delta(2\theta)Cos\theta} \qquad (1)$$

Em que Δ *(2θ)* é a largura total a meio máximo (FWHM) do pico caraterístico, *2θ* é o ângulo de dispersão do raio X associado ao pico caraterístico e λ é o comprimento de onda da radiação de raio X utilizada (radiação CuKα, λ=1,5418). Devido à natureza amorfa do pico caraterístico, a FWHM obtida foi de 0,26 ± 0,02 radianos; portanto, a ordem de curto alcance foi calculada a partir da equação (1) como 5,5 ± 0,4 nm, que é o valor típico da ordem cristalina para o polímero PANIEB, conforme relatado na literatura [57]. Da mesma forma, observou-se também nos padrões de XRD que a intensidade dos picos associados à Ag aumentou ligeiramente com o aumento da concentração de nanopartículas de Ag na matriz PANIEB.

Os grupos funcionais nos nanocompósitos Ag-PANIEB foram caracterizados utilizando a espetroscopia FTIR. A Fig.9 mostra os espectros FTIR dos nanocompósitos com concentrações de nanopartículas de Ag no PANIEB de a) 10%, b) 15% e c) 20%. A intensidade do pico a 1.150 cm^{-1} foi caraterística da condução do PANIEB

mas apareceu de forma relativamente intensa e mais alargada no PANIEB condutor dopado com nanopartículas de Ag [58]. De forma semelhante, o pico de alta intensidade a 1,705 cm^{-1} foi associado ao estiramento C=O devido à presença de nanopartículas de Ag [7]. Outro pico a 2.970 cm^{-1} foi associado à identificação de IPA no nanocompósito [59]. Os outros picos a 1,585 e 1,480 cm^{-1} correspondem à deformação por estiramento C=C de anéis quinoides e benzenoides, respetivamente. Estes picos típicos foram geralmente associados ao PANIEB. Um pico a 1.238 cm^{-1} devido à vibração de estiramento C-N+ na estrutura polarana indicou que o PANIEB estava no estado dopado [7]. Como a Ag é um metal de transição, tem uma forte tendência para formar compostos coordenados com átomos de azoto no PANIEB e esta interação pode enfraquecer as forças de ligação de C=N, C=C, C=O e C-N no PANIEB. Por conseguinte, as intensidades destes picos diminuíram com o aumento da concentração de nanopartículas de Ag, como se mostra na Fig. 9, o que confirmou a presença de nanopartículas de Ag na matriz de PANIEB.

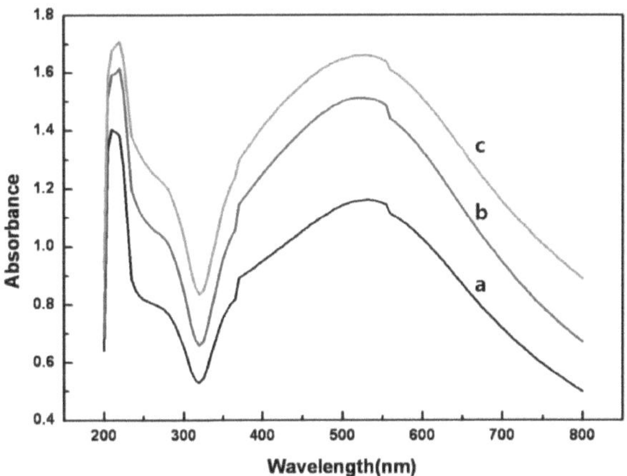

Fig. 9 Absorvância ótica em função do comprimento de onda para os nanocompósitos com concentrações de Ag de (a) 10% em peso, (b) 15% em peso, (c) 20% em peso, obtidas por espetroscopia UV-vis.

Os espectros UV-visível dos nanocompósitos Ag-PNIEB são apresentados na Fig.10. Foram observados dois picos distintos a cerca de 350 nm e 440-510 nm. O pico a 350 nm pode corresponder à transição π - π^* dos anéis de benzeno. Um pico relativamente mais largo na gama de 440-510 nm pode corresponder ao catião radial (estrutura de semiquinona) do PANIEB. Um estudo comparativo dos espectros de absorção dos nanocompósitos PANIEB e Ag-PANIEB mostra que o pico a cerca de 350 nm foi razoavelmente suprimido e o pico a cerca de 440-510 foi aumentado devido à presença de nanopartículas de Ag no nanocompósito [60]. O pico entre 440 e 510 nm foi ligeiramente aumentado devido à maior concentração de nanopartículas de Ag. Pode corresponder ao efeito de ressonância plasmónica de superfície das nanopartículas de prata incorporadas na matriz polimérica. O aparecimento do efeito de ressonância plasmónica devido às nanopartículas de prata foi relatado por muitos grupos de investigação [1, 40].

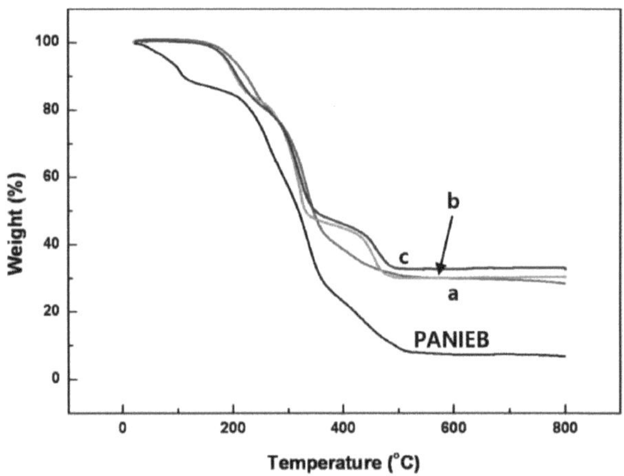

Fig. 10 Análise TGA para o PANIEB e os nanocompósitos com concentrações de Ag de (a) 10wt. %, (b) 15wt. %, (c) 20wt. %.

A estabilidade térmica dos compósitos foi avaliada por TGA. A Fig.11 ilustra os termogramas do PANIEB puro e dos seus nanocompósitos com concentrações de nanopartículas de Ag de 10%, 15% e 20%. As películas foram aquecidas sob uma atmosfera de azoto até 800° C com um tempo de espera de 30 minutos. Como se pode ver na figura, observou-se que os nanocompósitos sofrem três fases distintas de degradação, enquanto a segunda fase não era claramente visível para a matriz de PANIEB puro. Na primeira fase, que teve início a 170-180° C, ocorreu uma perda de peso acentuada para os nanocompósitos PANIEB e Ag-PANIEB devido à perda de moléculas de água e IPA em todas as amostras de nanocompósitos. A primeira fase de degradação foi mais ou menos a mesma para todas as amostras, enquanto que a segunda fase de degradação do nanocompósito começou aproximadamente a 360° C e pode ser atribuída à desdopagem oxidativa e à separação das nanopartículas de Ag das cadeias poliméricas [61]. A terceira fase de degradação ocorreu entre 410° C e 500° C. Para além disso, o nanocompósito tornou-se estável a temperaturas mais elevadas, em comparação com o PANIEB puro. A terceira fase de degradação pode ser atribuída à degradação completa e à decomposição da estrutura da cadeia principal do PANIEB [62]. A taxa de degradação foi mais proeminente para o PANIEB puro e melhorou com uma concentração mais elevada de nanopartículas de prata. A melhoria da degradação térmica dos nanocompósitos pode ser atribuída a muitas causas, incluindo a maior estabilidade térmica das próprias nanopartículas de Ag em comparação com as das cadeias de PANIEB e/ou as nanopartículas de Ag ligadas à cadeia da matriz de PNAIEB podem estar a fornecer algumas barreiras razoáveis à libertação de produtos de degradação evoluídos no nanocompósito. Por conseguinte, pode concluir-se da discussão acima que os nanocompósitos Ag-PANIEB são mais estáveis do que a matriz de PANIEB puro e que a estabilidade do compósito melhorou à medida que a concentração de nanopartículas na matriz de PANIEB foi aumentada.

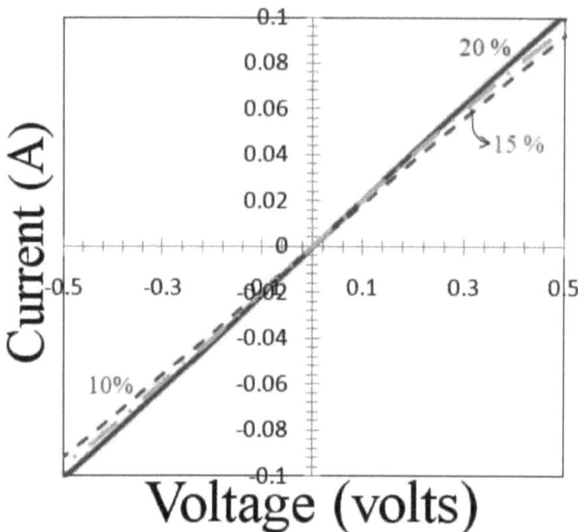

Fig. 11 Caraterísticas corrente-tensão dos nanocompósitos Ag-PANIEB com concentrações de nanopartículas de Ag de 10wt %, 15wt % e 20wt% medidas utilizando pasta de prata e película fina de alumínio como eléctrodos.

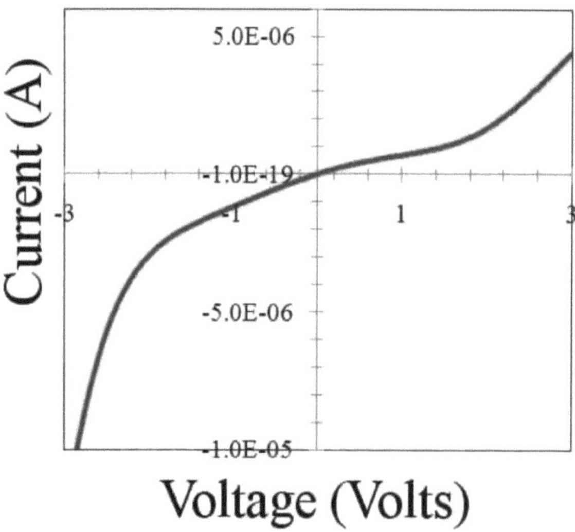

Fig. 12 Caraterísticas de retificação da matriz PANIEB pristina sem dopagem com nanopartículas de Ag, obtida utilizando pasta de prata e película fina de alumínio como elétrodo respetivo.

Utilizando um analisador de parâmetros de semicondutores com sonda de quatro pontos, as caraterísticas *I-V* das amostras foram avaliadas à temperatura ambiente. As caraterísticas I-V mostraram comportamentos lineares, simétricos e não retificadores (ôhmicos) nas diferentes concentrações de nanopartículas de Ag, como mostrado na Fig. 12. Com o aumento da concentração de Ag no PANIEB, a relação linear entre *I-V* moveu-se em direção ao eixo da corrente, mostrando uma maior condutividade. A Fig.13 mostra as caraterísticas *I-V* do filme de PANIEB sem nanopartículas de Ag. As caraterísticas demonstraram um comportamento assimétrico, não linear e retificador (não óhmico). Este comportamento de retificação pode ser devido à geração de regiões de carga espacial como resultado da baixa mobilidade dos portadores dentro da matriz de PANIEB [63, 64]. A condutividade dos nanocompósitos foi medida a partir do declive do comportamento linear das caraterísticas corrente-tensão. Embora os eléctrodos fossem aproximadamente colineares com espaçamento igual, foi utilizado um fator de correção devido à forma arbitrária, ao comprimento e largura semi-infinitos das amostras e a outros factores. Estes factores de correção são, para a espessura das amostras, a dimensão lateral da amostra e a colocação das sondas em relação aos bordos da amostra. A fim de incorporar estes factores de correção, foram feitas algumas suposições, tais como as películas finas serem uniformemente dopadas com nanopartículas de Ag em todo o dispositivo, as amostras serem muito mais finas do que o espaçamento da sonda e terem um diâmetro muito grande do que o espaçamento da sonda, a corrente ser puxada principalmente devido à injeção de portadores maioritários do elétrodo, etc. A informação detalhada sobre estes factores de correção e pressupostos pode ser encontrada na referência [65].

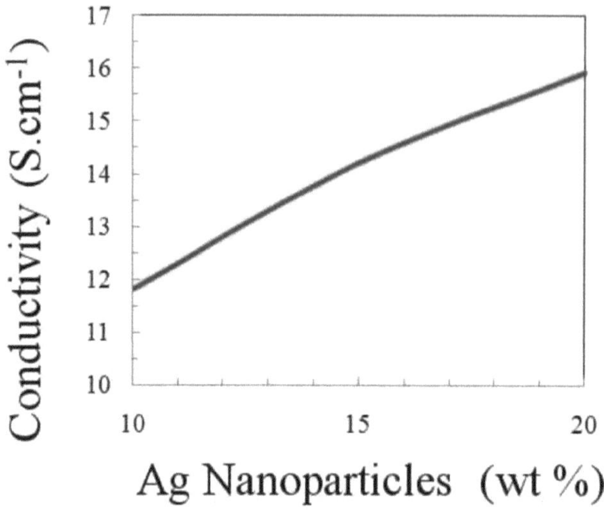

Fig. 13 Condutividade eléctrica dos nanocompósitos Ag-PANIEB em função da concentração de nanopartículas de Ag.

Na Fig.14, a condutividade do nanocompósito é apresentada a 10%, 15% e 20% da concentração de nanopartículas de Ag. Os dados mostram claramente que a condutividade aumenta quase linearmente com o aumento da incorporação de nanopartículas de prata no PANIEB dopado.

O transporte de carga no PANIEB é determinado principalmente por um processo de salto de alcance variável (VRH) entre os dois estados localizados [66]. No entanto, as armadilhas, que podem estar presentes devido a impurezas, distorções, defeitos estruturais ou muitas outras razões, podem proporcionar algumas restrições às cargas dentro do intervalo de banda de energia de um polímero condutor e, por conseguinte, afetar o processo global de salto [67]. De acordo com a teoria de Mott, a taxa de transição (w_{ij}) de um portador de carga que salta de um estado localizado *i* para outro estado localizado *j* pode ser expressa da seguinte forma.

$$W_{ij} = \nu_0 \exp\left(-2\alpha R_{ij}\right)\exp\left(-\frac{\Delta E_{ij}}{K_b T}\right) \qquad (2)$$

Aqui α é o comprimento de localização inverso, Rij é a distância de salto, ΔEij é a diferença de energia entre os dois estados localizados, kB é a constante de Boltzmann, $\upsilon 0$ representa o número de tentativas de salto por unidade de tempo e T é a temperatura.

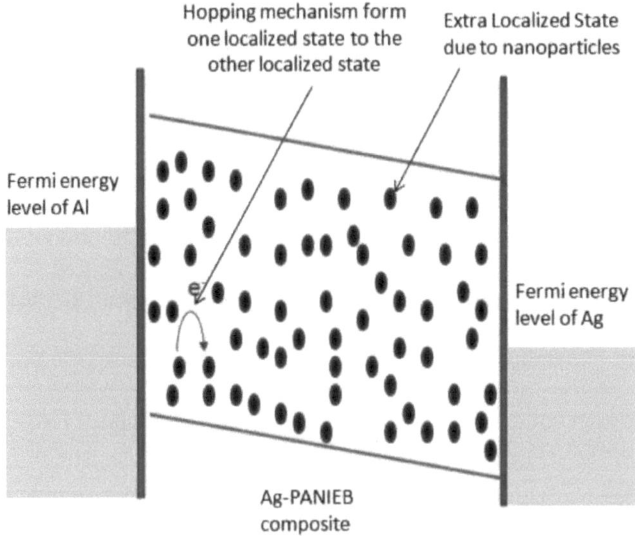

Fig. 14 Diagrama de bandas de energia dos nanocompósitos Ag-PANIEB com os respectivos eléctrodos metálicos, mostrando os estados localizados adicionais proporcionados pelas nanopartículas de Ag, que melhoram o mecanismo de transporte e de salto no interior do nanocompósito PANIEB.

A partir da Fig.15, fica claro que a incorporação de nanopartículas de Ag dentro da matriz de PANIEB proporcionou estados extra localizados e, portanto, reduziu a distância média de hopping para os portadores, em comparação com a matriz pura de PANIEB. Sob a influência de uma tensão externa aplicada, as taxas gerais de transição de salto (mobilidade de portadores) tornaram-se muito altas devido à redução da distância média de esperança, causando um aumento no número de participação de portadores de carga no processo de relaxação na matriz PANIEB e, como resultado, uma maior condutividade foi observada [7]. Quando a concentração de nanopartículas de Ag foi aumentada (até 20%), estados localizados adicionais foram gerados e a condutividade dos portadores foi aumentada ainda mais. Por conseguinte, os resultados apoiam a ideia de que os filmes de nanocompósitos Ag-PANIEB apresentam excelentes caraterísticas metálicas, tornando-os adequados para adesivos condutores, tintas condutoras ou escudos de ondas electromagnéticas para ecrãs de imagem [68]. Mas deve notar-se que o mecanismo de transporte por saltos VRH pode ser utilizado qualitativamente para explicar os resultados experimentais acima referidos à temperatura ambiente, mas geralmente não pode ser utilizado para estimar quantitativamente qualquer parâmetro VRH, porque o mecanismo de transporte por saltos VRH surge a baixa temperatura para a maioria dos polímeros condutores [66].

5. Conclusão

Os nanocompósitos Ag-PANIEB foram sintetizados através da mistura simples e eficiente das nanopartículas de Ag dentro da matriz PANIEB. A fim de obter uma distribuição uniforme das nanopartículas de Ag dentro da matriz polimérica, foram utilizados colóides IPA. Os compósitos Ag-PANIEB foram caracterizados em função da concentração de nanopartículas de Ag. As imagens TEM confirmaram a presença de nanopartículas de Ag esféricas com uma distribuição bimodal uniforme (com muito pouca aglomeração) no interior dos compósitos, devido à formação de uma camada complexa de colóides IPA sobre as nanopartículas de prata. O grau de aglomeração das nanopartículas de Ag aumentou ligeiramente quando a concentração de nanopartículas aumentou. Os estudos de XRD indicaram a presença de nanopartículas de Ag na matriz de PANIEB de todas as amostras. As propriedades ópticas e as composições químicas dos nanocompósitos foram estudadas utilizando espetroscopia FTIR e UV-vis, e a presença de PANIEB e IPA foi confirmada em todas as amostras. A estabilidade térmica dos nanocompósitos foi melhorada com o aumento da concentração de nanopartículas de prata, como confirmado pela análise TGA. As caraterísticas corrente-tensão (*I-V*) das películas de nanocompósitos mostraram comportamentos não rectificantes semelhantes aos de um metal, e a condutividade aumentou várias vezes em comparação com a matriz de PANIEB pristina. A condutividade dos nanocompósitos aumentou linearmente com a concentração de nanopartículas de Ag. Este trabalho alarga as aplicações práticas dos nanocompósitos Ag-PANIEB e oferece uma perspetiva das interações das nanopartículas de Ag com colóides de IPA na presença de uma matriz de PANIEB.

6. Referências

[1] Neelgund G. M, Hrehorova E, Joyce M, e Bliznyuk V 2008 *Polym. Int.* **57** 1083.

[2] Aminuzzaman M, Watanabe A, e Miyashita T 2009 *Thin Solid Films* **517** 5935.

[3] Lin H W, Hwu W H, e Ger M D 2008 *J. Mater. Process. Tech.* **206** 56.

[4] Kim S M, Park K S, Kim K D, Park S D, e Kim H T 2009 J. *Ind. Eng. Chem.* no prelo (doi: 10.1016/j.jiec.2009.09)

[5] Ouyang J e Yang Y 2001 *Adv. Mater.* **18** 214

[6] Ho C H, Liu C D, Hsieh C H, Hsieh K H, e Lee S N 2008 *Syn. Met.* **158** 630.

[7] Afzal A B, Akhtar M J, Nadeem M, Ahmed M, Hassan M M, Yasin T e Mehmood M 2009 *J. Phys. D: Appl. Phys.* **42** 015411.

[8] Huang L M, Chen C H e Wen T C 2006 *Electrochemical Ata* **51** 5858.

[9] Fu Y, Liu J e Willander M 1999 *Int. J. Adhes. Adhes.* **19** 281.

[10] Sauter C, Emin M A, Schuchmann H P e Tavman S 2008 *Ultrason. Sonochem.* **15** 517.

[11] Datsyuk V, Landois P, Fitremann J, Peigney A, Galibert A M, Soula B e Flahaut E 2009 *J. Mater. Chem.* **19** 2729.

[12] Nafeh O M, Antoniadis D A, Mantey K, e Nayfeh H 2009 *Appl. Phys. Lett.* **94** 043112.

[13] Jiang P e McFarland M J 2004 *J. Am. Chem. Soc.* **126** 13778.

[14] Hong Y K, Kim H, Lee G, e Kim W 2002 *Appl. Phys. Lett.* **80** 844.

[15] Dridi C, Barlier V, Chaabane H, Davenas J, Ouada H B, 2008 *Nanotecnologia* **19** 375201.

[16] Y-W. Mai e Z.Z.Yu, *Polymer nanocomposites,* Woodhead Publishing Limited, 2006.

[17] J. Huang, 2006 *Pure Appl. Chem.***78**, 15-27.

[18] S. Biallozor, A. Kupniewska, 2005 Synthetic Metals. **155** 443-449.

[19] A. Choudhury, 2009 Sensors and Actuators B. **138** 318-325.

[20] T. J. Skotheim, R. L. Elsenbaumer, J. R. Reynolds. 1998 *Handbook of Conducting Polymers*, 2ª ed., p. 1097, Marcel Dekker, Nova Iorque.

[21] X. Zhang e S. K. Manohar 2004 *Chem. Commun.* **20** 2360.

[22]. L. Yu, J. I. Lee, K. W. Shin, C. E. Park, R. Holze 2003 *J. Appl. Polym. Sci.* **88**, 1550.

[23] J. C. Michaelson e A. J. McEvoy 1994 *Chem. Commun.* 79.

[24] G. C. Li e Z. K. Zhang 2004 *Macromolecules* **37**, 2683.

[25] L. M. Huang, Z. B. Wang, H. T. Wang, X. L. Cheng, A. Mitra, Y. X. Yan. 2002 *J. Mater. Chem.* **12** 388.

[26] J. M. Liu e S. C. Yang 1991 *Chem. Commun.* 1529.

[27] X. Zhang, W. J. Goux, S. K. Manohar 2004 *J. Am. Chem. Soc.* **126** 4502.

[28] J. X. Huang e R. B. Kaner 2004 *Angew. Chem., Int. Ed.* **43** 5817.

[29] A.Mani, K.Athinarayanasamy, P.Kamaraj, 1995 J.Mater.Sci Lett. **14** 1594-1596.

[30] Kubo. J 1962 Phys. Soc. Jpn. **17.**

[31] S. Jing, S. Xing, L.Yu, Y Wu, C. Zhao 2007 Materials Letters. **61** 2794-2797.

[32] Chepuri R.K. Rao, D.C. Trivedi 2006 Materials Chemistry, and Physics. **99** 354-360.

[33] C.N. Rao, G.U. Kulkarni, P.J. Thomas, P.P. Edwards. 2000 Chem. Soc. Rev. **29** 27-35.

[34] L.P. Gorkov, G.M. Eliashberg. 1965 JETP. **21** 940.

[35] K. Frahm, B. Mühlschlegel, R. Németh. Zeitschrift für Physik B 1990 Condensed Matter **78** 91-97.

[36] J. Baxter, C. Schmuttenmaer. 2006 J. Phys. Chem. B **110** 2522925239.

[37] Y. Li, Y.Wu, B.S. Ong, J. Am 2005 Chem. Soc. **127** 3266.

[38] K.J. Lee, Y.I. Lee, I.K. Shim, J. Joung, Y.S. Oh 2006 J. Colloid Interface Sci. **304** 92.

[39] I.Shim, Y.Il Lee, K.J.Lee, J.Joung 2008 Química e Física dos Materiais **110** 316-321.

[40] P.K. Khanna, N.Singh, S. Charan, A. K. Viswanath 2005 Materials Chemistry and Physics. **92** 214-219.

[41] M. Karttunen, P. Ruuskanen, V. Pitkanen, e W. M. Albers 2008 Journal of Electronic Materials. 37, No. 7.

[42] Kang Y O, Choi S H, Gopalan A, Lee K P, Kang H D e Song Y S 2006 *J. Non-Cryst. Solids.* **352** 463.

[43] Zhou H H, Ning X H, Li S L, Chen J H e Kuang Y F 2006 *Thin Solid Films.* **510** 164.

[44] Karim M R, Lim K T, Lee C J, Bhuiyan M T I, Kim H J, Park L S e Lee M S 2007 *J. Polym. Sci. Part A Polym. Chem.* **45** 5741.

[45] Du J, Liu Z, Han B, Li Z, Zhang J e Huang Y 2005 *Micropo. Mesoporo. Mater.* **84** 254.

[46] Pillalamarri S K, Blum F D, Tokuhiro A T, e Bertino M F 2005 *Chem. Mater.* **17** 5941.

[47] L. Torsi, M. Pezzuto, P. Siciliano, R. Rella, L. Sabbatini, L. Valli, P.G. Zambonin 1998 Sens. Actuadores, B: Chem. **48** 362-367.

[48] A.A. Athawale, S.V. Bhagwat, P.P. Katre 2006 Sens. Actuadores, B: Chem. **114** 263-267.

[49] J.S. Do, W.B. Chang 2004 Sens. Actuadores, B: Chem. **101** 97-106.

[50] S. Kotthaus, B.H. Genther, R. Haug, e H. Schafer 1997 IEEE Trans. Comp. Pack. Manufact. Technol. A **20** 15.

[51] H.-H. Lee, K.S. Chou, e Z.W. Shih 2005 Int. J. Adhes. **25** 437.

[52] A.Heilmann, A.Kiesow, M.Gruner, U.Kriebig, Thin Solid Films

343344 (1999) 175-178.

[53] D. Basak, S. Karan, B. Mallik 2007 Solid State Communications. **141** 483-487.

[54] M. Pattabi, M.S.M. Sastry, V. Sivaramakrishnan, 1989 Phys. Rev. B. **39** 9959.

[55] A. Gautam, S. Ram, 2009 Phys. Status Solidi A 206. **7** 1471-1477.

[56] Jing S, Xing S,Yu L, Wu Y e Zhao C 2007 *Mater. Lett.* **61** 2794.

[57] Pouget J P, Jozefowicz M E, Epstein A J, Tang X e MacDiarmid A G 1991 *Macromolecules* **24** 779.

[58] Karakisla M, Erdem E e Sacak M 2003 *Polym. Inter.* **35** 879.

[59] Rossi P F, Busca G, Lorentzelli V, Saur O e Lavalley J C 1987 *Langmuir* **3** 52.

[60] Reddy K R, Shin B C, Ryu K S e Kim J C 2009 *Synth. Met.* **159** 595.

[61] Nabid M R, Golbabee M, Moghaddam A B, Dinarvand R, Sedghi R 2008 *Int. J. Electrochem. Sci.* **3** 1117.

[62] Dannielle C S, Michelle S M, Ivo A H e Aldo J G Z 2003 *Chem. Mater.* **15** 4658.

[63] Moiz S A, Ahmed M M, Karimov Kh S e M. Mehmood 2007 *Thin Solid Films* **516** 72

[64] Moiz S A, Ahmed M M, Karimov Kh S, Rehman F e Lee J. -H 2009 *Synth. Met.* **15** 1336.

[65] Schroder D K 2006 *Semiconductor Material and Device Characterization* 3rd ed. (New Jersey: John Wiley & Sons) pp 6-21.

[66] Novak M, Kokanovic I, Babic D e Bacani M, Tonejc A 2009 *Synth. Met.* **159** 649.

[67] Mott N F e Davis E A 1979 *Electronic Processes in NonCrystalline Materials* 2nd ed. (Clarendon: Oxford).

[68] Bhadra S, Khastgir D, Singha N K e Lee J H 2009 *Porg. Polym. Sci.* **34** 783.

[69] D.Chen, X. Qiao, Xiaolin Qiu, J. Chen 2009 J. Mater Sci. **44** 1076

Printed by Books on Demand GmbH, Norderstedt / Germany